Discovery of Animal Kingdom
听企鹅讲故事

[英]史蒂夫·帕克/著　　[英]彼特·大卫·斯科特/绘

龙　彦/译

长江出版传媒　｜　长江少年儿童出版社

企鹅的励志生活从这里开始……

欢迎来到冰天雪地的南极，

我是一只讨人喜欢的企鹅，

是不是觉得我走路的样子有些笨拙？

其实我们也有灵活的时候哦！

贼鸥和鲸鸟很佩服我们在冰上繁殖，

他们觉得这很疯狂，还有点励志。

虽然他们是我的朋友，

但还是得提防点贼鸥，

尤其是当我跟我老婆轮流去找食物的时候，

贼鸥会不安分地想偷我们的孩子吃，

很可恶吧！

想偷我们的蛋和孩子的，可不止贼鸥呢！

别急，让我慢慢告诉你们

……

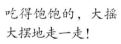

吃得饱饱的，大摇大摆地走一走！

目 录

捕食时间

嗡嗡嗡，嗖嗖嗖，嘶嘶嘶——捕食时间到了！我敏捷地跟在一条小鱼后面。刚刚，我就是这样逮到了一只乌贼。等会儿，我还要去抓一只螃蟹，或者吃一些磷虾！夏天，我喜欢在大海里游泳、潜水、吃大餐。只有吃得饱饱的，才能为冬天储备能量。到了无聊的冬天，我要站在冰上，脚上还得抱着一个蛋呢。

我们靠"鳍翅"游泳。

小时候，我就跟着说明书——《完美企鹅成长攻略》——学会了游泳、潜水和捕食。现在，我已经是这方面的专家了。今天，我一口气就抓到了五条银汉鱼呢！

12 完美企鹅成长攻略

游泳和潜水
基本"鳍拍法"

企鹅的翅膀，也叫作鳍肢，是专门用来游泳的，但还是要像小鸟一样上下拍打。手腕部位有一点点弯，可以让鳍肢在每一次拍打中都翘起来。这样可以把水推到后面去——我就前进了。

脚用来控制方向和停止。

上下拍打鳍肢

屏住呼吸

企鹅姿势

作为新手，最好让身体保持笔直，不然很容易打转！

海里有好多鱼!

谁也别想逃出我尖尖的嘴巴。

帝企鹅

分类：鸟类——企鹅

成年身长：1.2 米

成年体重：重达 50 千克

栖息地：南极洲附近的冰川和海洋

食物：鱼、乌贼、磷虾和类似的海洋生物。

特征：有鳍，嘴尖，视力很好。羽毛和皮下面的脂肪层很厚，能够保持身体温暖。

我最喜欢屏住呼吸，然后一头扎进水里，从水里向上看，把水面下和冰川下的猎物找出来。我能快速地向上游，抓住猎物，一口吞掉，再游回下面。接着这样重复一遍，继续捕食。

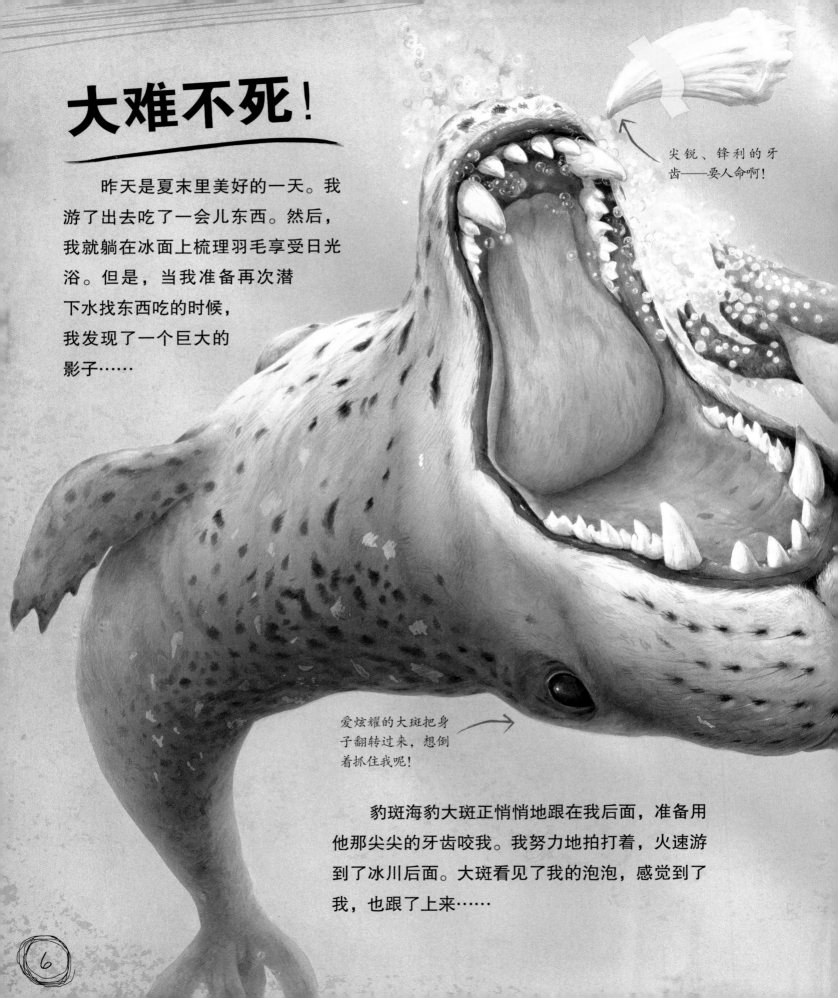

大难不死！

昨天是夏末里美好的一天。我游了出去吃了一会儿东西。然后，我就躺在冰面上梳理羽毛享受日光浴。但是，当我准备再次潜下水找东西吃的时候，我发现了一个巨大的影子……

尖锐、锋利的牙齿——要人命啊！

爱炫耀的大斑把身子翻转过来，想倒着抓住我呢！

豹斑海豹大斑正悄悄地跟在我后面，准备用他那尖尖的牙齿咬我。我努力地拍打着，火速游到了冰川后面。大斑看见了我的泡泡，感觉到了我，也跟了上来……

这只企鹅游得比我慢，真可怜！

海豹一口就咬住了他！

豹斑海豹

分类：哺乳动物

成年身长：4.5 至 5 米

成年体重：300 至 350 千克

栖息地：南极洲附近的冰川和海洋

食物：企鹅和其他海鸟、鱼、磷虾、乌贼、较小种类的海豹。

特征：有鳍，牙尖。皮和皮下脂肪层均很厚，能保持身体温暖。皮肤上有斑点。

我不敢到处看，太吓人了！

头部保持笔直，我可以更快速地向前游。

于是我继续往下潜，潜到了很深的地方，然后再以最快的速度向上游去，最后跳出水面，蹦到了冰川上。那一瞬间，我差点儿就飞起来了呢。总算是安全了！

长途跋涉

到了夏天，晚上也很明亮。我们大吃几顿后，身体里就会储存额外的食物，为即将到来的漫长的冬天提供能量。不过，我们要先经历秋天和漫长的黑夜——这时候我们要离开大海，长途跋涉到冰川上去啦！

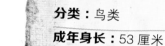

南极贼鸥

分类：鸟类

成年身长：53 厘米

成年体重：重达 1.5 千克

栖息地：只生活在南极，一般栖息在附近的海洋和海岸边。

食物：鱼、企鹅蛋、小企鹅和其他海鸟

特征：嘴巴像钩子，翅膀很健壮，尾巴很宽。会袭击其他鸟类，让他们的食物掉下来。

再见了，海洋！

从冰面上滑下去。

路上的危险

1. 冰隙：冰川上的大裂口。

2. 冰瀑布：冰川融化引起的。

3. 中暑：太阳晒得太多了。

每隔几个小时，我就要休息一下。

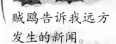

贼鸥告诉我远方发生的新闻。

在路上，我遇见了贼鸥。有时候，她会迁移或飞到温暖一点的地方去过冬。贼鸥说，像我们这样在这冰川上繁殖，简直太疯狂了。不过，她以后会回来的——她要来偷我们的小孩！

我们滑过冰冻区。

摇摇摆摆地走下雪山。真滑呀！

还要爬上大冰川，真是累人啊！

终于到达群栖地了。

我们要走许多天才能到达群栖地。我跟着大家走，才认识了路。但我还是不太明白：为什么我们要走这么远？贼鸥说我们走了足足有100多千米！也许是为了躲避大斑和杀人鲸莎莎吧。

求偶

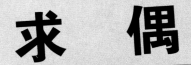

我希望老婆能安全度过夏天，回到这里。不过，这可不是件容易的事——七对企鹅里，一般只有一对能在来年团聚。

大家都在寻找各自的另一半。

碰碰嘴，问个好。

我张开鳍肢，抬起头，叫了起来："嘎——嘎——嘎嘎！"没有哪个姑娘能抵挡我这"狂喜姿态"的魅力。我一下子就听到了我老婆的回应！我们碰了碰嘴，打了个招呼。

求偶仪式

1.公企鹅以狂喜的姿态叫喊。

2.公企鹅和母企鹅相互问好，然后慢慢抬起嘴巴。

3.母企鹅跟着公企鹅四处走动。

4.交配之前，公企鹅和母企鹅要先鞠鞠躬、碰碰嘴。

我们都看着这个新生物。

五条腿、三只眼睛——真奇怪！

公企鹅和母企鹅成对地四处走走。

我们摆摆身子、鞠鞠躬、伸伸翅膀，看看对方是不是健健康康的、营养充足的，是不是可以做个好爸爸或好妈妈。这就叫求偶。有一个奇怪的大眼睛在盯着我们，不过他没给我们添什么麻烦，所以我们也不去管他。

交换蛋

我们到群栖地已经一个多月了。现在差不多快冬至了，太阳已经很少出来了。是时候来处理那个棘手的问题了：我老婆下了一个蛋——现在得我来接手了。

我们准备交换蛋了。

我们的蛋

长：12厘米
宽：8厘米
重量：450克
颜色：白色，带点淡绿色。

帝企鹅蛋的真实大小。

我老婆很快就把蛋放到了她脚上。等我们慢慢靠近后，她再轻轻地、慢慢地把蛋推到我脚上。慢慢地，小心地，蛋才不会掉下去……成功了！

她把这颗珍贵的蛋交给了我。

我老婆要离开了。下完蛋，她体内储存的能量也快用完了。她要离开这儿去大海里找食物了。而我，要和其他所有的公企鹅一起，留在这里。没关系——现在，雪海燕已经来问好了。

雪海燕从天空经过。

再见，亲爱的……

我把蛋放在我的脚上。

雪海燕

分类：鸟类

成年身长：40 厘米

成年体重：350 克

栖息地：南极洲附近的海洋、海岸和岛屿

特征：羽毛是纯白色的，眼睛和嘴巴是黑色的，脚是灰绿色的。往南飞时，比其他鸟类飞得远。

漫长的冬天

　　我老婆走了之后，我就开始数日子，一直数到我们的小企鹅孵化。去年用了65天！今天，已经是第17天了。天气已经很冷了，看看这个"冷度计"就知道了，这是那个奇怪的生物留下来的。

我的体内温度

我经历过的最热的一天的温度！

在这个温度，液体水可以冻结成坚硬的冰。

春天的日常温度

今天的温度

第24天：跟第23天差不多；

第31天：我挤在队伍中间站了一会儿。真暖和啊！

第34-38天：下了一场大大的暴风雪，真冷。

第41天：我开始觉得无聊了。

第42天：我肚子好饿啊……

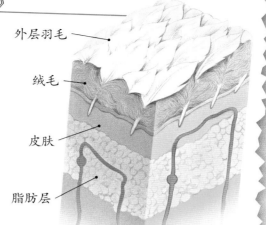

保持温暖
脂肪和羽毛

你要用嘴巴和脚来清洁和梳理两层羽毛。外层的羽毛非常强硬，能防风、防水。里面的那层羽毛叫绒毛，非常柔软、蓬松。两层羽毛和皮下脂肪，可以保持身体温暖。

外层羽毛

绒毛

皮肤

脂肪层

真不走运——今天轮到我站在外面了，真是超级冷啊！

在队伍里做的事情

1. 轮流站到外面。

2. 背对着风。

3. 保持蛋一直留在我脚上。

4. 不能推挤！

小企，你好！

第56天：现在，白天已经慢慢变亮了，晚上也渐渐变暖了。

第61天：跟第60天差不多。

第62天：我感觉到蛋在轻轻地动了。

第63天：哎呀，小企在蛋里面一会儿拍拍，一会儿啄啄。真是太叫人兴奋了！

群栖地现在又挤又吵。

我在喂小企食物。

第64天：小企，你好！她花了两天时间才啄开坚硬的蛋壳。小企待在我脚上，在我的皮层、脂肪层和羽毛的包裹下，暖和得很。我反刍出如奶般的白色分泌物，然后喂给小企。

我们的嘴是个
强大的武器。

我正在跟艳
艳对战……

可是，其他
海燕就比较
走运了。

海燕艳艳是一只很大很强壮的鸟。她
猛地扑下来，想抓走我的小孩。我用力地啄
她，大声地叫着，并挥动着我的鳍肢。要是
让小企离开了我，哪怕只有一两秒钟，我这
段时间所有的努力和悉心照顾也都白费了。

南方大海燕

分类：鸟类

成年身长：100 厘米

成年体重：重达 8 千克

栖息地：南方海洋、海岸和岛屿

食物：磷虾、乌贼、鱼、蛋，以及海鸟
的幼鸟、尸体。

特征：嘴巴又大又尖，翅膀非常强壮，能
伸展至两米宽，能攻击敌人。

家庭生活

两个月后，母企鹅们终于回来了。她们在大海里吃得饱饱的，再沿着原路长途跋涉返回。当然，她们当中还有我老婆。真是叫人大舒了一口气啊！我快要被小企折腾坏了！

母企鹅们回到群栖地。

现在，小企将由我老婆接着照顾了。

白鸭的小孩毛绒绒的。

这是我家的小孩——小企！

海燕家的小孩就没那么可爱了。

看看生活在这里的其他小孩吧。他们出生时都是毛茸茸的，这样可以保暖。有些小孩长得更可爱！

饥饿的公企鹅们
出发去海洋了。

我们鞠鞠躬，碰碰嘴，叫一叫，相互问好。这可是小企第一次见到妈妈。她肚子里有好多美味的鱼肉。她会反刍一些，或者说是"咳出来"一些，喂给小企。

母企鹅们正在照顾还没有孵出来的蛋。

我要走了。再见，小企！

有些蛋可能不会孵化。这让人有点伤心！

好了，现在轮到我离开了。饿死我了——差不多有四个月没吃东西了！我要跟其他饥饿的公企鹅们一起，长途跋涉回到大海洋里。左——右，左——右，滑一会儿，左——右……

回到大海

终于回到大海了。在潜入大海之前，得先注意一下大斑和莎莎。暂时安全。虽然没看到他们，但我还是有点犹豫，万一他们在附近呢？第一批下海的企鹅，最有可能被吃掉。

我喜欢鱼。最最喜欢的是灯笼鱼——他们在黑暗中会发光，吃起来味道超级好！贼鸥测量过：灯笼鱼可长达15厘米。

我最多能憋气18分钟……

我游泳速度最快能达到每秒钟6米……

磷虾很小，不过味美汁多。

南方的灯笼鱼长着尖尖的鱼鳍。

磷虾看着像基围虾或大虾。在大虾群里，有上百万只磷虾呢！不过，他们的外壳非常脆。他们也比我的嘴巴小。所以，我每天要吃上几百只磷虾才能饱肚子。

最深一次，我潜了530米。

观察我的体重

每年夏天，我都会吃得饱饱的，变得胖胖的。到了冬天，我要照顾蛋，不能吃东西。虽然，我每天睡20个小时来保持体力，但是每年冬天，我差不多都要瘦一半。

体重（千克）
50
40
30
20
10
0

1 2 3 4 5 6 7 8 9 月

冬天看蛋期

虽然乌贼的肉很多，但是乌贼不是很好吃。如果不先把他们的触手咬掉，他们反倒会扭断我的喉咙。不过，至少他们没有那些讨人厌的尖骨头，鱼儿就有！

乌贼的嘴巴能夹人。

大海里的朋友

从上个星期开始，我每天都吃得饱饱的，感觉有劲多了。今天，我跟大海里的一些朋友们聊天。我们聊起了波涛和洋流，那满是鱼儿和磷虾；我们还讨论这里有没有什么危险。

长长的胡须可以感觉到食物。

相对来说，威德尔海豹威威是比较友好的。她吃的东西和我差不多，比如鱼啊，磷虾啊，还有乌贼。不过，我还是要当心点。因为，她很饿时，也可能会捕食企鹅。

威德尔海豹

分类：哺乳动物

成年身长：3 米

成年体重：300 多千克

栖息地：南极洲附近的海洋和海岸

食物：磷虾、鱼、乌贼、企鹅以及其他海鸟

特征：肢体成鳍状，大眼睛。皮层和皮下脂肪很厚，能保持身体温暖。

鱼鳃帮助鱼在水中呼吸。

丁丁是一条南极犬牙鱼，她是这片儿最大的一种鱼。她什么东西都吃。就连死掉的鲸鱼的脑袋，她都敢咬呢！真恶心！

后面的鳍可以用
来转向和加速。

谁潜得最深?

参加潜水比赛的话,我和威威
都会输。丁丁潜得最久。她是一条
鱼,从来没到水面上呼吸过空气!

深度(米)	
0	
500	威威 350米 我 500米
1000	
1500	丁丁 2000米
2000	
2500	象象 2300米

象象是一只
南象海豹。

象象是世界上
最大的海豹——他约
有4吨重,6米长!他
吹吹他那长长的、软嗒
嗒的鼻子,就可以吼出
巨大的声音。他的鼻子
就跟象鼻子一样。

象象可以憋气两个
小时——真厉害!

23

杀人鲸来了！

莎莎跳出水面来观察——她鼻子朝上，露出水面，观察周围。

我们正在一个大鱼群里吃鱼。突然，6只杀人鲸包围了我们。他们体型很大，超级强壮，而且很聪明。我认识他们的队长，就是莎莎。她非常狡猾，就是她组织杀人鲸们来捕食的。

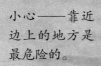
小心——靠近边上的地方是最危险的。

所有的企鹅都飞快地游了起来，赶紧跳到浮冰上去。我们全都跳上去了，但是浮冰上实在是太挤了。杀人鲸们围着浮冰，等着我们掉下去。

一群吓坏了的企鹅，站在另外一块浮冰上，漂了过来。一只杀人鲸游了过去。她把头伸出来，发现那块浮冰很小很小。她叫其他杀人鲸一起来撞，把浮冰撞得翘了起来，有几只企鹅掉了下去。真是太不幸了！

这些可怜的企鹅没能逃过一劫！

杀人鲸把小浮冰给推翻了。太狡猾了！

我离边上很远，很安全。

杀人鲸

分类：哺乳动物

成年身长：雄性可达 9 米多，雌性 8 米多。

成年体重：雄性可达 9 吨多，雌性 6 吨多。

栖息地：世界各地的海洋

食物：鱼、海豹和海狮、海鸟、鲸鱼、乌贼、企鹅

特征：黑白分明，背鳍很高。非常聪明，能团结协作，一起捕食。

轮　换

美美地吃了顿大餐之后，我要回去找小企了。有些小企鹅已经长大了、变壮了，但还长着毛茸茸的婴儿羽毛。父母们轮换着照看小孩，去海里吃东西。

饥饿的母企鹅们朝着大海奔去。

吃饱的公企鹅们都回来了。

孩子们在呼唤。

贼鸥也回来了，她饿了！

南极鲸鸟

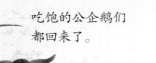

分类：鸟类

成年身长：约 30 厘米

成年体重：100 至 200 克

栖息地：所有南方海洋、海岸和海岛

食物：磷虾、基围虾、虫子、浮游生物（微小的海洋生物）

特征：白色的眉毛，蓝色的脚，棕色的背。嘴巴呈锯齿状，可以从海水里叼出微小的食物。

晶晶是我的另外一个小鸟朋友，她到这里来繁殖。她夏天生小孩，我们冬天生小孩。她觉得她比我们明智多了，因为她生小孩的时候，海里到处都是吃的。确实啊！

晶晶告诉我新闻。

初夏到了，天气暖和多了，冰缘线也开始融化了。现在，每次往返大海洋和群栖地的时间也变短了。群栖地变得比以前繁忙了。

父母们重新团聚，咕咕叫着，相互鞠鞠躬。

给孩子喂吃的。

这个幼儿园会变得越来越大，其他动物就不敢来袭击了。

我和老婆差不多要分别出去五次去吃东西。再往后，我们两个都会离开。我们的小企会跟幼儿园的伙伴们待在一起，那里又安全又暖和。

再见了，冰雪！

有些小企鹅的婴儿羽毛已经不见了。现在，他们长出了又坚硬又防水的成熟羽毛。盛夏到了，太阳不会再落下了，我们都已经离开了群栖地。好多冰雪已经融化了，返回大海洋的旅程也好像一年比一年短了。

阿德利是一只比较小型的企鹅，我和她聊了起来。我说，水里一年比一年暖和了。她也觉得这样不好。企鹅很怕热！

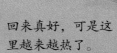

回来真好，可是这里越来越热了。

大融化加速了吗？

飞行记者阿尔伯特·罗斯在空中拍摄的冰川融化的画面。

南极居民的抱怨一年比一年多。他们抱怨冰雪越来越少，水温越来越高，食物越来越少。鲸抱怨磷虾都快没有了。海豹和企鹅也抱怨鱼儿越来越少了。乌贼的吸盘开始腐烂。杀人鲸经常中暑。企鹅发言人表示："真是一年比一年糟糕。我们谴责那些渔网船。他们不仅制造噪音，搅拌海水，还喷出了很多恐怖的石油。只要靠近这些船只，我们就会感觉到那股热气。他们还撒网偷走了我们的食物——还会把我们害死。"

小孩们只剩下一点点婴儿羽毛了。

阿德利想知道现在为什么越来越热了。

大一点的孩子现在已经长得跟大人一样了。

小心可可的长钩子！

大王酸浆鱿可可回到大海里，躲在水下。她也说这儿比平时更热了，食物也更少了。好了，别误会我了，我还是很喜欢当企鹅的，只是如果我也长着真翅膀就好了，我就可以飞了，飞得远远的……

大王酸浆鱿

分类：软体动物

成年体长：算上触手，约 12 至 20 米。

成年体重：450 多千克

栖息地：南方海洋

食物：鱼、其他乌贼、章鱼、毛颚动物、企鹅

特征：两只触手很长，能抓东西，其他八只短一些，触手上长着钩子和吸管，尾部长着鳍。

大家眼里的我

我见过许多动物，我知道他们眼里的我是什么样的。一起来看看吧……

" 我喜欢帝企鹅！要是能在他们离开大海赶往群栖地的路上抓到一只，那可是享受两重美味呀——外面是鸟肉，里面还有鱼肉！"

杀人鲸

鲸鸟

" 企鹅不会飞，所以我把我在远方听到的新闻讲给他们听。还有，我跟他们那位所谓的朋友（贼鸥）可不一样，我可不偷他们的小孩。不过，企鹅竟然在冬天繁殖，真是太疯狂了！"

" 我们进行了一次憋气比赛。企鹅憋了25分钟——在帝企鹅里面算是不错的了。不过，肯定是我赢啦，我可以一个小时不出一口气呢！不过，后来我觉得很无聊，就不玩了。"

威德尔海豹

南方大海燕

" 企鹅又慢又笨，正合我意——我毫不费力就可以抓住一只。我只要游到他们周围，一动不动，先观察，找准机会出击，就能够一口咬住了！"

" 去年的企鹅可真多啊。我吃了他们的蛋，吃了他们的小孩，还从他们和其他海鸟那儿偷食物。所以呀，他们都叫我海盗燕。"

豹斑海豹

动物小辞典

暴风雪：下非常大的雪，刮非常大的风，气温变得非常低。

求偶：一种行为展示，一只动物向它的另一半表达交配意愿。

托儿所：一群小孩在一起，被父母交给别人照看。

冰隙：像冰川或者冰山这样大面积的冰块上的很深的裂缝。

洋流：大量的水（比如河里的水），流入海岸，或者穿过海洋。

冰川：冻结成冰的河流，会慢慢地沿斜坡向下移动。

食道：吞食物的管道，可以让食物从嘴巴，经过喉咙，到达胃里。

磷虾：一种微小的海洋生物，生活在世界各地的海洋里。对于许多海洋动物来说（包括企鹅、海豹和鲸），磷虾都是一种很重要的食物。

冰山：一种巨大的、漂浮在海面的淡水冰块，一块一块地从冰川的边缘断裂，然后漂到海洋中。

冰瀑布：冰川上有许多裂缝，一块一块地断裂、融化、变成冰柱——就像一个冰冻的瀑布一样。

浮冰：又称流冰，自由漂浮于海面、能随风和海流漂移的冰。

哺乳动物：一种温血动物，长着皮毛，身体里长着骨骼，妈妈用乳液来喂养小孩。

迁徙：长途跋涉，在各个地方之间移动，为的是找到条件最好的地方，比如温暖、有食物、有住所的地方。

反刍：胃里的东西从食道返回嘴里（就像我们人类生病的时候会呕吐一样）。是吞咽的反义词。

群栖地：鸟类（比如企鹅）每年聚集在一起繁殖的地方。

鱼群：一群鱼，或者一群类似的水生物，它们聚集在一起动。

群栖：鸟儿一队队在空中飞行，昆虫一群群到处觅食，有些兽类成群结队地生活在一起，这些都是动物的群集性。

触手：在乌贼或者章鱼身上，长着一些长长的弯弯的部位，是用来抓东西、喂东西、感觉东西和移动身体的。

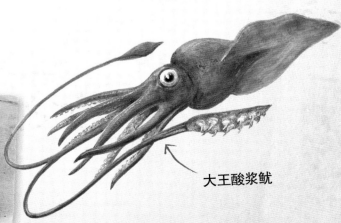

> 对于我这样的深海怪物来说，海水表面实在是太热、太亮了。不过，我只要往上游一游，就能美美地吃上一只毛茸茸的企鹅。

大王酸浆鱿

图书在版编目(CIP)数据

听企鹅讲故事／（英）帕克著；（英）斯科特绘；龙彦译. —武汉：长江少年儿童出版社，2014.5
（动物王国大探秘）
书名原文：Penguin
ISBN 978-7-5560-0208-5

Ⅰ.①听… Ⅱ.①帕… ②斯… ③龙… Ⅲ.①企鹅目－儿童读物 Ⅳ.①Q959.7-49

中国版本图书馆CIP数据核字（2014）第006016号
著作权合同登记号：图字17-2013-263

听企鹅讲故事

[英]史蒂夫·帕克／著　　[英]彼特·大卫·斯科特／绘　　龙　彦／译
责任编辑／罗　萍　叶　朋　孙冬梅
装帧设计／叶乾乾　美术编辑／郭　盼
出版发行／长江少年儿童出版社
经销／全国新华书店
印刷／广州市番禺艺彩印刷联合有限公司
开本／889×1194　1/12　3印张
版次／2015年1月第1版第2次印刷
书号／ISBN 978-7-5560-0208-5
定价／15.00元

Animal Diaries: Penguin

By Steve Parker
Project Editor Carey Scott
Illustrator Peter David Scott/The Art Agency
Designer Dave Ball
Editorial Assistant Tasha Percy
Managing Editor Victoria Garrard
Design Manager Anna Lubecka
Copyright © QED Publishing 2013
First published in the UK in 2013 by QED Publishing, A Quarto Group company, 230 City Road
London EC1 V 2TT, www.qed-publishing.co.uk

本书中文简体字版权经英国QED出版社授予海豚传媒股份有限公司，
由长江少年儿童出版社独家出版发行。
版权所有，侵权必究。

策划／海豚传媒股份有限公司（16010040）
网址／www.dolphinmedia.cn　邮箱／dolphinmedia@vip.163.com
咨询热线／027-87398305　销售热线027-87396822
海豚传媒常年法律顾问／湖北豪邦律师事务所　王斌　027-65668649